AF313474

MÉMOIRE

SUR CETTE QUESTION :

Ne faut-il pas rejeter en géologie le système des soulèvemens, et n'est-il pas plus probable que les divers terrains se sont formés à mesure que la hauteur de la mer diminuait par le refroidissement du globe ?

PAR P.-E. MORIN,

INGÉNIEUR DES PONTS ET CHAUSSÉES.

LU AU CONGRÈS SCIENTIFIQUE TENU A BESANÇON
LE 7 SEPTEMBRE 1841.

PARIS,

CARILIAN-GOEURY ET V. DALMONT, LIBRAIRES,
QUAI DES AUGUSTINS, Nᵒˢ 39 ET 41.

QUESTION.

Ne faut-il pas rejeter en géologie le système des soulèvemens, et n'est-il pas plus probable que les divers terrains se sont formés à mesure que la hauteur de la mer diminuait par le refroidissement du globe ?

L'on ne peut nier qu'on ne puisse faire diverses objections à l'hypothèse des soulèvemens comme cause de la formation des montagnes et des couches contournées, inclinées et même verticales qui forment les montagnes ou qui s'y appuyent.

Comme il ne peut y avoir soulèvement sur la surface de la terre qu'il n'y ait abaissement, nous confondrons les objections qu'on peut faire à cette dernière hypothèse avec celles qui lui sont communes avec la première. Ainsi nous dirons comme le refroidissement de la croûte du globe est la seule cause connue qui puisse les faire soulever par la diminution d'étendue qu'elle acquiert par là, si donc la terre était entièrement sphérique, et que les couches qui la forment lui fussent concentriques et de même nature, ainsi que le supposent les géologues actuels; comme il n'y aurait pas de raison pour qu'elle se soulève ou s'abaisse plutôt d'un côté que de l'autre, elle ne pourrait que se rompre en plusieurs points et donner passage aux produits ignés qui se trouvent au-dessous de cette croûte, et qu'on a l'habitude d'appeler produits volcaniques.

Si cependant il y avait eu des soulèvemens, il faudrait, pour qu'ils aient eu lieu, que la couche soulevée, quand elle a été déchirée et dégradée, présentât autour des soulèvemens une même nature et une égale épaisseur dans les couches, et qu'au-dessous de ces couches il en fût de même, puisqu'on suppose que ces terrains ont été placés horizontalement : or, il n'en est pas ainsi pour les terrains qui sont dans ce cas, comme les grès et les terrains tertiaires. Si ces terrains n'ont été ni déchirés ni dégradés, il faudra que l'étendue des couches mesurée entre les parties horizontales, diminuée de la largeur des fissures ou fentes qu'on y remarque, ne soit pas plus grande que l'étendue horizontale qui existe entre ses extrémités. Or, c'est ce qu'on n'aperçoit pas dans les diverses couches de calcaire secondaire qui sont si contournées. On ne peut donc admettre raisonnablement l'hypothèse des soulèvemens brusques, ou au moins il faut beaucoup les restreindre, d'autant plus que cette théorie ne peut servir à faire découvrir où se trouvent les roches dont on a besoin dans les arts. Ce sont ces raisons qui nous ont fait chercher à expliquer les phénomènes géologiques autrement que par des soulèvemens brusques ; et, quoique cette théorie ne soit pas encore complète, nous allons l'exposer. Nous allons faire voir, par son moyen, comment les couches de terrains ont pu avoir des directions, des inclinaisons et des compositions si diverses, et quelles relations ont ces trois faits entre eux.

Notre théorie reposant sur l'effet de l'attraction et de l'eau en mouvement, rappelons comment on peut considérer l'action de l'une et de l'autre en géologie.

Si l'on prend un vase d'une forme quelconque, qu'on introduise dans son intérieur un liquide chaud, contenant

en dissolution une substance qui se précipite par le refroidissement; que ce liquide soit tranquille, la matière
en dissolution, à cause de l'attraction des parois du vase,
se précipitera par refroidissement sur toutes les parois
baignées, tant celles du fond et horizontales que celles
verticales, et même celles en encorbellement. Il arrivera
même que, pour les parois du fond, la matière précipitée l'étant d'une manière continue, formera un amas
compact sans traces de couches; ou du moins, si elles
existent, elles paraîtront être verticales ou légèrement
ondulées, à cause de l'eau qui, pour remonter, se sera
ouvert un passage à travers, et à cause des attractions
qui changeront leur direction à mesure que ces matières
précipitées s'élèveront.

Si dans ce liquide il y a un mouvement faible, il
pourra arriver que les parties du vase en encorbellement
ne recevront pas de dépôt, parce que cette attraction du
vase n'aura pas assez de force pour vaincre la pesanteur
qui tend à faire précipiter les matières en bas, et s'opposer
au mouvement qui leur est imprimé. Si ce dernier aug-
mente, il pourra n'y avoir de précipitation que vers le
fond du vase, et chaque couche précipitée affectera une
direction horizontale, l'épaisseur de ces couches indiquant
les intervalles pendant lesquels le mouvement a varié en
intensité. Si celui-ci est très-fort, il pourra même n'y
avoir aucune précipitation.

Si le liquide renfermé dans le vase contient des matières
de différentes natures, la rapidité plus ou moins grande
du refroidissement ou des mouvemens imprimés pourra
faire que les unes resteront en suspension quand les
autres se précipiteront; il en résultera alors des couches
de différentes natures, suivant que ces matières se précipiteront isolément ou ensemble.

L'eau en mouvement peut être considérée comme eau
douce et comme eau de mer. Comme eau douce, elle

forme les fontaines, les ruisseaux et les fleuves : leur effet est d'entrainer des sables, des galets, d s cailloux ou des roches, suivant leur force ou leur rapidité, et de tenir en suspension différentes matières qu'ils déposent dans les lieux où les courans sont plus tranquilles.

Comme eau de mer, elle agit dans les marées et dans les momens où elle est agitée par les vents. Les marées ont pour effet de creuser les rochers près des côtes et dans l'intérieur des terres, et les vents de produire des vagues et des courans qui dégradent les terres vers le niveau de la mer et portent vers les anses et baies les galets, sables et limon, laissant les matières les plus pesantes à l'entrée de ces ouvertures, les sables plus loin, et le limon encore plus loin (1). Tous ces courans d'eau douce et d'eau de mer amènent encore avec eux la silice en dissolution, et produisent sur le fond et le bord de la mer, tenant en dissolution différentes matières, les perturbations dans leur précipitation dont nous venons de donner une idée.

Maintenant exposons la théorie géologique que nous fondons sur l'abaissement de la mer par le refroidissement, sur ses mouvemens et la direction des courans d'eau douce et leur mélange avec l'eau de la mer. M. Elie de Beaumont admet dix soulèvemens principaux qui ont formé les montagnes du globe, sans refuser de croire qu'il puisse y en avoir un plus grand nombre, entre lesquels les formations des terrains, quoique se superposant, présentent des défauts de continuité ou bien une variation brusque dans la nature, l'inclinaison et la direction de leurs couches. Il fait voir que ces couches, après chaque révolution, ont été relevées suivant la même direction, ou suivant des directions parallèles. Or, sans admettre de

(1) Mémoire sur les Encombremens des ports de mer. Paris. Carilian-Gœury.

soulèvement brusque en même temps que considérable , et en supposant que les terrains primitifs aient été formés d'une manière irrégulière dans le lieu où ils se trouvent, et avec des hauteurs proportionnelles à celles qu'ils ont actuellement, la mer se retirant peu à peu à cause du refroidissement du globe et à cause de l'augmentation graduelle de hauteur qui en est résultée dans les montagnes et sur les continens, et de l'affaissement du fond de la mer, qui en est la conséquence, nous allons expliquer la formation des terrains.

On ne peut trouver étonnant un retrait si fort de la mer, si l'on fait attention que dans le moment elle a au moins 6000^m de profondeur moyenne, et comprend à peu près les 4/5 de la surface de la terre. Or, si la température moyenne au-dessus de celle actuelle, 6° ^{c} au plus, était de 1100° ^{c}, ou 2112° au fond et 100° à la surface, son volume ancien serait double de celui du moment. Mais 2112° au fond correspondent à 1000 atmosphères ou 10500 mètres de hauteur d'eau pure à zéro, ou à une hauteur moindre si la mer tenait en dissolution des matières qui en augmentaient la pesanteur et la difficulté à s'évaporer. Si en même temps l'atmosphère était elle-même plus pesante, comme cela a dû avoir lieu au commencement de la formation de la mer, et si la température moyenne de celle-ci était de 1500° ^{c}, son volume serait encore plus fort et son retrait considérable encore plus vraisemblable. Voyons alors comment on peut expliquer les directions principales qu'ont prises les terrains dans nos contrées.

Le mouvement de rotation de la terre qui imprime le premier sa direction aux couches de terrains, les a fait se diriger de l'ouest à l'est; c'est aussi ce que l'on remarque dans certains terrains de transition, comme ceux de la Bretagne et des Vosges. S'il n'en est pas de même de tous les autres, c'est que l'attraction des montagnes primitives a pu modifier cette direction.

Aussitôt que les terrains primitifs et de transition se sont consolidés, les courans résultant des marées ont eu un mouvement alternatif de l'équateur au pôle, et réciproquement, et se sont détournés de cette direction à cause du mouvement de rotation de la terre. Les terrains ne pouvant alors se déposer d'une manière régulière sur les terrains formés précédemment que perpendiculairement à la direction des courans des marées, les autres dépôts étant ou entrainés ou déposés d'une manière irrégulière dans les endroits abrités, il en résultera que ces terrains prendront pour direction principale la direction E. N. E. — O. S. O., les marées tendant à se rendre dans la Méditerranée, dirigées par les Pyrénées et les Alpes. C'est aussi la direction principale du grès rouge des Vosges.

Plus tard la mer, s'abaissant toujours, entrera dans la Méditerranée par le nord de l'Afrique et le nord des Pyrénées, et les terrains déposés suivront en général la direction N. E. — S. O. (Grès vert et craie.)

Quant à la direction N. O. — S. E. des terrains de la côte nord du Cottentin, elle vient probablement de ce que la mer, en s'introduisant par le nord dans la Méditerranée, est revenue sur elle-même pour frapper suivant la direction N. E. — S. O. l'espèce d'ilot de terrains anciens que forme le Cottentin.

Il est à remarquer encore que, pour ces directions principales des terrains, comme la mer n'était pas tranquille lorsqu'elles ont eu lieu, ces terrains ne se sont formés que quelques mètres ou dixaines de mètres au-dessous des autres terrains, surtout pour ceux des temps plus modernes, ce qui fera qu'ils paraitront s'être abaissés, quand ceux sur lesquels ils se sont déposés paraitront s'être soulevés.

La mer s'abaissant toujours, les marées n'ont pu qu'avec difficulté se mouvoir sur le continent. C'est alors que les vents et les pluies qui les accompagnent, devenant forts, ont commencé à exercer leur influence sur les terrains qui se formaient. D'abord les monts Himalaya, les Alpes et les Pyrénées se découvrant, tous les vents se dirigeront vers ces points ; mais, tirés dans plusieurs sens, leur moyenne en Europe se dirigeant du S. S. O. au N. N. E., ils imprimeront aux vagues et aux courans de la mer un mouvement de translation dans le même sens, et forceront les terrains à se précipiter sur les penchans des montagnes perpendiculairement à cette direction, en même temps que les pluies que ces vents amènent, en s'écoulant à la mer, l'adouciront. On voit alors pourquoi les terrains tertiaires des Apennins, des Pyrénées et de quelques lieux de l'Allemagne (6e soulèvement de M. Elie de Beaumont) affectent la direction O. N. O. — E. S. E. là où il semble y avoir des failles.

Plus tard les montagnes d'Afrique se découvrant de plus en plus, et l'air se dilatant à cause de la chaleur du soleil, y attireront l'atmosphère, ce qui sera cause que les vents se mouvront tout-à-fait dans le sens des parallèles, et que les failles des terrains prendront la direction principale du Nord au Midi. C'est aussi celle des terrains tertiaires de la Corse, de la Sardaigne, de Trieste et des parties basses des Apennins. (7e soulèvement de M. Elie de Beaumont.)

A mesure que l'Afrique s'est découverte, ainsi que les montagnes de l'Europe, les vents dominans près de la Méditerranée sont venus de plus en plus du Nord, et ont donné au dépôt des terrains d'attérissement, de transport et d'alluvion, la direction générale S. S. O. — N. N. E. (8e soulèvement.)

Sur la fin de ces derniers dépôts, les vents dominans étant presque Nord vers la vallée du Rhône et le bassin de l'Adriatique, comme ils le sont aujourd'hui, la direction de ces dépôts sera ordinairement O. S. O. — E. N. E. (9e soulèvement.)

Enfin, quant aux relèvemens supposés récens de la Cordillière, des Andes, ou 10ᵉ soulèvement de M. Elie de Beaumont, il est probable qu'ils viennent de ce que les volcans qui en ont été cause ont forcé les matières qui se précipitaient autour d'eux à ne le faire le plus souvent que le long de leurs flancs.

Ce que nous avons déjà dit sur la manière dont se faisaient les différens dépôts dans un vase rempli d'eau chaude, dans lequel différentes matières étaient en dissolution, fera comprendre plus facilement l'explication que nous allons donner de l'inclinaison des diverses couches de terrains. Nous ferons remarquer, en passant, qu'il faut un peu se défier des coupes de terrains données par les géologues, parce qu'elles ne sont quelquefois que le résultat de suppositions qu'on peut contester.

Si l'on fait attention à la manière dont nous avons fait voir que se formaient les précipitations dans le vase dont il vient d'être parlé, on doit voir que les terrains qui ont pu se précipiter les premiers à la surface de la terre l'étant dans un liquide à peu près tranquille, se déposeront sans former de couches distinctes au fond de la mer. A mesure que celle-ci se refroidira, tous les terrains primitifs, les terrains de transition et les autres seront dans le même cas ; alors ce n'est que lorsque la mer se sera bien abaissée qu'on apercevra ces couches venant d'une solution de continuité qui les fait distinguer l'une de l'autre, et qui proviennent des mouvemens divers qui ont arrêté cette précipitation ou qui en ont changé la nature dans chaque espèce de terrain. L'on remarquera que ces couches sont horizontales sur les sommets ou les plateaux, parce que, n'ayant été formées que les dernières, la mer étant très-abaissée était mise plus souvent en mouvement. Il en est de même le long des vallées ouvertes, les courans ayant alors eu la facilité d'agir. Mais le long des lacs et en amont des barrages qui les formaient, ces couches ont pu être verticales, parce que là le mouvement de l'eau était faible, tandis qu'en aval ces couches sont peu inclinées ou horizontales. Dans les renfoncemens profonds que présentent les vallées ouvertes, ces couches pourront être très-inclinées et être de terrains plus anciens, même à une grande hauteur, quand, dans les angles obtus, où les cours d'eau de mer ou d'eau douce porteront le trouble, ces terrains présenteront des couches non-seulement horizontales dans les parties basses, mais encore des terrains plus modernes. Ce que nous venons de dire se remarquant dans un petit espace à gauche du Doubs, au-dessus de Besançon, en le remontant, nous engageons à y aller, car cette localité prouve la bonté de notre théorie, au lieu d'en être une objection comme on l'avait supposé.

Voyons maintenant comment se sont formés les divers terrains. Suivant que les molécules qui doivent composer la surface de la terre sont d'une nature ou de l'autre, il en résultera un ou plusieurs composés. Si ce composé est simple, il pourra produire de grandes masses : c'est ainsi que le calcaire primitif et la serpentine se sont formés. Si ce composé est multiple, il donnera naissance au granit, à la diorite, au porphyre et autres roches analogues. Nous avons dit ailleurs (1) que les molécules arrivées les dernières à former les corps célestes étaient celles qui se mouvaient avec le plus de vitesse ; mais cela suppose qu'elles ont une grande attraction pour le noyau existant déjà formé, ou plutôt une grande densité, ce qui est la même chose. Il ne sera donc pas étonnant que les molécules de l'eau et de l'air se soient mues avec peu de vitesse, et soient restées les dernières à former la surface des corps. S'il reste encore après elles des molécules éloignées qui doivent faire partie d'un corps céleste en passant à travers ces

(1) Introduction à une Théorie générale de l'Univers, paragraphe 5.

deux fluides , elles perdront de leur vitesse par la résistance qu'elles éprouveront en passant à travers. Ces matières donneront des composés qui , passant à travers cette
masse fluide , la déplaceront , et en descendant la feront
s'élever. Là où l'eau montera il y aura solution de continuité ou lit, qui pourra être suivant une inclinaison
verticale même : il suffira pour cela que ces matières
viennent se précipiter le long des parois verticales des terrains primordiaux déjà formés. Si dans le moment où tout
ceci se passe la mer est agitée, ou qu'il y ait un courant
au-dessus des terrains primordiaux, il se formera des
galets, qui, précipités avec les autres matières, donneront des poudingues sans changer l'inclinaison de ces lits.
Il est à remarquer qu'un galet qui tombe dans l'eau présente toujours la plus petite surface pour la partie horizontale pour opposer moins de résistance au fluide qu'il
traverse ; le contraire a lieu lorsqu'ils sont lancés par
les vagues de la mer ou entraînés par un cours d'eau.
C'est ainsi que les poudingues de Valorsine ont une inclinaison très-forte et ont des cailloux dont la pointe est
en bas. On voit donc par là qu'il n'est pas nécessaire de
supposer, comme M. Elie de Beaumont, qu'il y ait un
soulèvement pour expliquer la formation de ces terrains
qu'on appelle de transition. Les matières qui composent
ces terrains, à cause du refroidissement progressif de la
surface du globe après la formation des terrains primordiaux , seront d'abord précipités avec beaucoup de vitesse
dans de l'eau en vapeur ou dans peu d'eau ; de sorte
qu'ils se composeront de grandes masses par rapport à
l'eau qui refluera entre les diverses couches. C'est alors
que se formera le terrain talqueux de M. Omalius d'Hal-
loy, ensuite le terrain anthraciteux dont les couches sont
moins puissantes que les premières, mais plus fortes que
celles du terrain ardoisier, qui est le dernier des terrains
de transition.

Si l'on suppose que les montagnes, composées de roches primitives et de transition, comme tout semble le prouver, aient été à l'état de mollesse et à une température beaucoup plus élevée que n'est actuellement celle de la surface de la terre, on verra toutes les roches, ou à peu près, avoir, comme les produits volcaniques, deux genres de fissures : les unes parallèles à la surface qu'elles formaient en se contournant avec elles, et les autres perpendiculaires à celles-ci. C'est aussi ce qu'on remarque. Leur direction fait voir encore que les terrains primitifs et de transition, à quelques exceptions près, n'ont pas été soulevés, parce que ces fissures suivent celle des chaines ou chainons primitifs des montagnes.

Cette mer qui couvrait le globe lors de la formation des terrains primitifs et de transition, diminuera de volume par le refroidissement ; elle baissera alors en même temps que les chaines des montagnes déjà formées diminueront de volume ; la diminution absolue des montagnes en longueur et en largeur sera très-grande comparativement à celles en hauteur : cette dernière étant très-petite par rapport aux deux autres, et l'effet du refroidissement étant de diminuer chaque dimension proportionnellement à sa grandeur, il en résultera alors que le vide laissé entre les montagnes s'agrandira. Cela, réuni à la diminution de volume que prendra la mer par le refroidissement, fera que celle-ci, comme nous l'avons déjà dit, s'abaissera beaucoup ; et, au lieu de comprendre toute la surface de la terre, comme nous l'avons vu tout-à-l'heure, elle n'en comprendra plus que les trois quarts, comme à présent. A mesure que la mer se retirera, les matières qui étaient en dissolution ou en suspension se déposeront sur les plus hauts sommets et le penchant des montagnes, et formeront d'abord le calcaire alpin ou zechstein, par la combinaison du carbonate calcaire et du carbone en surabondance dans les eaux. Quelquefois des sels de magnésie et d'autres s'y

trouveront unis ; ensuite viendra le lias, le calcaire oolithique, la craie et le calcaire tertiaire, calcaires qui seront
d'autant plus blancs, que le carbone qui colorait le
zechstein existera de moins en moins grande quantité.

Ces divers dépôts, comme nous l'avons déjà fait entre-
voir, ne se sont pas faits d'une manière aussi régulière. En
effet, en même temps qu'ils se forment par le refroidissement et l'abaissement successif de la mer, qui font que
les montagnes se dégagent de plus en plus des eaux, les
pluies, comprenant une plus grande étendue de terrain,
amèneront alors avec elles le long des pentes où elles cou-
lent, une plus grande quantité de matières solides, désa-
grégées par l'humidité et les variations de l'atmosphère,
ainsi que plus de végétaux enlevés par les pluies. Les
cours d'eau qui en résulteront, chargés de ces matières
ou les faisant rouler, mêleront leurs eaux avec celles des
mers ou des lacs salés, les rendront plus douces sur leur
passage, et de chaque côté à quelque distance. D'un
autre côté, les vents violens et les tempêtes, en agitant
la mer et les lacs à une certaine profondeur, surtout près
des côtes, seront une autre cause pour empêcher de temps
à autre la précipitation des matières en dissolution, qui
se mêleront plus tard avec celles des bords des côtes et
celles du fond déjà déposées. Il arrivera que, par ces deux
causes, les matières qui se précipiteront ensuite ne seront plus de même nature. C'est ainsi que celles qui auront été déposées après un long calme dans la mer ou
sur ses bords, présenteront une structure plus cristalline,
et seront d'un calcaire plus pur que celles déposées im-
médiatement après les crues et les tempêtes qui auront
lieu sur mer, et qui seront à cause de cela compactes
et mélangées d'argile, et même de sable quartzeux.

Si l'on se représente le moment où la mer commence
à se retirer de dessus la surface des continens, moment
où les fleuves et les rivières se forment, il arrivera

que la mer éprouvera, comme nous venons de le dire, quelques mouvemens violens causés par les vents qui ont eu lieu alors, et qui, dans quelques circonstances, causeront des tempêtes. Le flux et reflux de la mer, plus fort sur les côtes qu'en pleine mer, augmentera la quantité de ses mouvemens; ils arracheront des débris de rochers, ils en formeront des galets qui, venant à se trouver dans un endroit où des matières siliceuses ou autres très-ténues se précipiteront, réuniront les galets entre eux, et formeront des poudingues dans les lieux les plus exposés aux mouvemens de la mer, et seulement des brèches dans les autres. Voici pourquoi on trouve sur des plateaux et des sommets très-élevés des matières roulées réunies par un ciment. On pourrait expliquer de la même manière les couches oolithiques dans le calcaire du Jura.

Si la forme des montagnes primitives et de transition est telle qu'il s'y trouve des bassins où l'eau soit tranquille, qui, par là, a été depuis longtemps adoucie par les eaux des pluies ou par des sources dans les endroits où les cours d'eau ne déposent rien que des parties qu'ils puissent dissoudre, le calcaire qui se précipitera sera le calcaire d'eau douce.

Considérons maintenant d'autres circonstances où se sont déposés les terrains secondaires. Si le bassin dans lequel ils se forment est une espèce de lac d'eau de mer, à mesure qu'elles laisseront déposer les sels calcaires qu'elles contenaient, ces eaux se chargeront de plus en plus de sel marin, plus soluble que le sel calcaire, et qui à la fin se précipitera. C'est ce qui sera cause de la formation du sel gemme dans le calcaire horizontal ou oolithique.

Quand les argiles se déposeront, presqu'à l'origine de leur formation, les eaux qui les amèneront n'ayant pu dissoudre encore le fer qui accompagne l'argile et l'enlever lorsque celle-ci se déposera, il arrivera qu'après la formation de cette argile, s'il s'y infiltre des eaux, celles-ci amèneront le fer avec elles, et porteront dans les parties vides produites par le retrait de l'argile, le fer, pour y former des grains ou des géodes d'hydrate de fer, si communs dans les argiles qui recouvrent les terrains oolithiques. On peut expliquer de la même manière les géodes d'une autre nature dans toutes espèces de terrains.

Plus tard, les eaux de la mer trouvant, comme à l'époque de la formation de la craie et du calcaire tertiaire, le moyen de s'abaisser graduellement sans obstacle, s'il existe quelque point où ces formations laissent quelque endroit moins ouvert ou plus tranquille, on verra seulement se déposer le gypse, beaucoup moins soluble dans l'eau que le sel marin, comme on le remarque en amont des promontoires.

Si les cours d'eau, dans l'endroit où se fait le dépôt calcaire, après avoir déposé dans les divers bassins où ils passent les particules qu'ils avaient en suspension, mêlent leurs eaux sur leurs bords avec celle de la mer, on verra se former des terrains d'eau douce de diverses époques. Comme dans le cas précédent, on trouvera plus loin sur les cours d'eau les grès des âges modernes, ainsi que les sables et argiles diverses.

En même temps que tous ces terrains se formeront, on verra que dans le bassin où la mer poussera les végétaux, ils s'y déposeront lorsqu'elle sera tranquille, si la température est trop forte pour que le calcaire prenne leur place : de là le terrain houiller. Sur les bords de ces bassins, mais dans une mer qui sera alors plus ouverte, se précipiteront les sables et les galets que la mer a formés, comme dans les anses et les baies : de là les divers grès ; mais dans les anses profondes se trouveront les argiles et les grès fins.

Plus tard, lors de la formation des terrains tertiaires
et d'alluvion, les cours d'eau devenant alors considé-
rables, les argiles, les sables et les galets amenés par
eux se mêleront avec les terrains de cette époque dans
le fond des vallées. Cependant on verra encore dans ce
moment la mer agir pour former des galets, et mêler
avec les sables ou les précipitations calcaires des coquilles
d'une époque moderne.

Tous ces divers terrains seront traversés par les produits volcaniques dont la formation est due au refroidissement graduel de la croûte du globe : lorsque cette
croûte se resserre par ce refroidissement, les matières
fondues contenues dans l'intérieur du globe la font éclater
au moment où sa tenacité n'est plus assez forte pour ré-
sister à la poussée des matières intérieures. C'est alors
que cette matière fondue sort au-dessus de la surface de
la terre, et qu'il se produit une éruption volcanique. Le
refroidissement à la surface du globe dépendant de la
nature des années et des saisons au point que l'on considère, il s'ensuivra que ces éruptions devront avoir
une liaison avec les phénomènes météorologiques.

D'autres causes peuvent encore produire quelques
changemens partiels à la surface de la terre, outre les
dégradations causées par les cours d'eau et les volcans :
ce sont ceux produits dans l'intérieur des montagnes par
les sources ou les eaux souterraines. Nous avons déjà vu
que ces eaux, en s'infiltrant, ont formé le bohnertz ou
mine de fer en grains. Ces infiltrations forment encore
des grottes dans les roches calcaires, surtout dans le
calcaire oolithique, en enlevant l'argile qui y est souvent
déposée; il en résulte des stalactites et des stalagmites,
ou bien les couches calcaires s'abaissent ou se boulever-
sent. Dans les mines de houille, elles produisent les failles
qu'on y rencontre si fréquemment.

Entrons encore dans quelques développemens pour faire
connaître notre théorie, en revenant sur nos pas.

Les premiers dépôts qui se sont formés l'étant dans un fluide assez tranquille, ont suivi les inflexions des terrains primitifs et de transition; mais ceux qui sont venus après ont suivi des inclinaisons en général moins fortes, parce que les matières amenées par les pluies ont été entraînées dans des bassins ou golfes : c'est alors que s'est produit le terrain houiller. Il n'est pas étonnant que la superposition des couches de ce terrain sur les terrains anciens soit discordante, comme on le remarque à Villé et Ronchamp dans les Vosges, à Littry dans le Calvados, et en Angleterre.

Si la mer s'abaisse encore, les tempêtes et les vagues qui les accompagnent, ainsi que les pluies, seront cause que les montagnes primitives se dégraderont encore plus. Les matières, transportées alors par les vagues le long des côtes, donneront les diverses couches de grès rouge qu'on remarque dans les Vosges, en Bretagne et ailleurs, et dont les couches sont en général plus horizontales que ne le sont celles du grès houiller, parce que le grès rouge est formé dans une mer moins tranquille que celle où s'est déposé le grès houiller; cependant il arrivera que l'un et l'autre de ces terrains se relèveront vers les bords des bassins où ils ont pris naissance.

Si les montagnes primitives n'ont qu'une faible hauteur, et n'ont pu par-là être découvertes que tard, la grande chaleur que la mer avait au-dessus d'elles pendant long-temps à cause de la grande profondeur qu'elle y a conservée, jointe aux marées et aux courans qui ont eu lieu au-dessus de ces montagnes, surtout vers le bord des continens, ont empêché les terrains calcaires anciens de s'y précipiter. C'est pourquoi la série des terrains qu'on y remarque souvent après les terrains primitifs commence au grès bigarré, au muschelkalk ou aux marnes irisées, comme on le remarque près des Vosges et des Apennins. Comme alors la mer devient de plus en plus agitée, les couches

sont encore plus horizontales que dans le cas précédent.
Le grès bigarré a dû être formé le long des rivages quand
le muschelkalk a dû l'être dans les golfes où il y a plus de
tranquillité ; les marnes irisées se sont trouvées entre l'un
et l'autre, comme on le voit le long de la falaise orientale
des Vosges, de Thann à Landau.

Peu à peu les mers se chargeant de débris de plus en plus
fins des montagnes primitives, à mesure que, par leur
abaissement, leurs bords s'éloignent plus des sommets de
ces montagnes, on verra le lias et le calcaire oolithique
se former ; ce dernier donnant des couches plus horizontales que le premier, parce qu'il a été formé dans des
parties plus basses, où les vagues et les courans ont cher-
ché à le niveler.

Plus tard, le refroidissement agissant toujours sur les
montagnes, le calcaire en dissolution dans la mer s'y at-
tachera de plus en plus ; mais, comme la quantité d'eau
douce qui se mêle avec l'eau de mer devient aussi plus
considérable, surtout au pied des montagnes, les produits qui se précipiteront donneront les terrains tertiaires
inférieurs, ou bien la craie lorsque les précipitations seront lentes, ou bien les grès lorsque ces précipitations
seront troublées. Ces grès seront composés de grains de
grosseur d'autant plus considérable, que les fleuves ou
les courans produits par la mer seront plus forts : il est
bien entendu que ces dernières matières seront situées
dans les lieux où les courans ont laissé moins de liberté
au calcaire de se précipiter. C'est ce qui se remarque aussi
près des Alpes occidentales, où, dans le terrain jurassique
et les autres, les cailloux roulés et les sables sont d'autant plus rares qu'ils sont plus loin des montagnes primitives. C'est ainsi que, dans la Bourgogne, on ne voit
pas le grès vert, mais seulement la craie. Loin des bords
de l'Océan, où ces courans n'ont pénétré qu'avec difficulté, où, aussitôt que les montagnes se sont découvertes,

les eaux douces se sont précipitées en abondance, et où, comme pour l'Erzgebirge, celles provenant des montagnes plus élevées se sont réunies à elles, le terrain jurassique manquera, et on sautera de suite au grès vert et à la craie.

Si l'on considère que les Alpes occidentales sont exposées aux vents de l'ouest, sont loin de l'Océan et très-élevées, des courans d'eau douce s'en écouleront de bonne heure dans une mer tranquille, quand la partie septentrionale des Pyrénées exposée au vent du nord recevra très-tard peu de pluie, qui s'écoulera encore dans une mer souvent troublée ; il en résultera que les terrains tertiaires des Alpes, comme les autres terrains qui se sont déposés sur ces montagnes, seront dans une situation très-élevée (le Rigi), se contourneront fortement, et prendront même quelquefois une inclinaison verticale (Manesque en Provence) quand, le long des Pyrénées, ces terrains tertiaires seront peu élevés et auront une inclinaison faible. Il est à remarquer que, pour ces terrains, s'il se trouve quelques sommets isolés autour desquels ils se déposent, l'inclinaison de leurs strates sera fortement dérangée autour d'eux, si ces sommets sont abrités par des contreforts, comme on le voit en Provence, d'Auréol à Pin.

Le long de la Durance, on ne trouve pas les terrains tertiaires à la même hauteur des deux côtés, parce que les pluies qui les ont formés ont été plus fortes du côté frappé par les vents pluvieux que de l'autre.

On remarque aussi que, dans l'intérieur des Alpes, on trouve de grands espaces de terrains de grès vert et de craie, sans aucune trace de terrains tertiaires. Cela provient de ce que les courans d'eau douce amenant les sables qui ont formé le grès vert ont été trop forts pour permettre aux terrains tertiaires de s'y précipiter, ces derniers ne pouvant se former que quand l'eau douce jouit d'un peu de tranquillité. Il n'est donc pas étonnant que dans les Alpes, qui sont des montagnes très-élevées, cette espèce de terrain manque souvent.

Les terrains tertiaires de l'île de Corse, de la Sardaigne et de quelques points des vallées de la Saône, du Rhône, de la Loire et de l'Allier, qui ont une direction nord et sud, ont d'autres caractères que les précédens, parce qu'ils ont dû se former à une époque très-tardive, où l'eau de mer était mêlée de beaucoup d'eau douce.

Les terrains de la partie occidentale des Alpes, de Marseille à Zurich, formés de terrains d'attérissement, de transport ou d'alluvion, se sont montrés évidemment plus tard que tous les précédens. Ceux qui appartiennent aux chaines du Vantoux, du Leberon et de la Sainte-Baume en Provence, et de la chaine principale des Alpes (du Valais en Autriche), sont de cette espèce.

Les attérissemens (*ante-diluvium*) des parties élevées de l'Isère, du Rhône, de la Saône, ont été probablement formés par les courans de ces fleuves et les vagues de la mer, lorsque celle-ci avait peu de profondeur vers ses bords ; ils ont été poussés dans toutes les anfractuosités de terrain, comme on le voit actuellement par rapport à toutes les anses et baies que présentent les mers. S'il en est résulté des poudingues qu'on ne voit plus se former maintenant, c'est qu'alors, avec ces cailloux roulés et poussés par la force des vagues, il s'est précipité une matière plus ténue, qui, avec le temps, les a liés. C'est à quoi on doit attribuer la formation des attérissemens qu'on voit du Mont-Blanc à la montagne de Taillefer, dans l'Oisan, sur les hautes montagnes de la Tarantaise et de la Maurienne, dans la vallée du Drac (Variolite), à Rives, Tullin, et entre la Frette et Bourgoin. Ce terrain présente quelquefois des couches inclinées jusqu'à la verticale (Pont-de-Pastre). Une inclinaison si forte provient de ce que les cailloux roulés ont été lancés dans une eau très-chargée de matières ténues qui se précipitaient sur des parois verticales, attirées par ces parois.

Le second terrain de transport des vallées de la Durance, du Rhône et de l'Isère (*diluvium*), repose sur le précédent, et est moins incliné et moins élevé; il parait n'être formé que par le transport des fleuves, comme les terrains cailloutoux de la plaine de La Crau, département des Bouches-du-Rhône, et ceux du Val-de-Louise. Ce *diluvium* se distingue de l'*ante-diluvium*, parce qu'on y remarque du granit rose, qu'on ne voit pas dans le terrain antérieur.

M. Elie de Baumont veut trouver dans la position de la mollasse coquillière qui fait partie des chaines du Vantoux, du Leberon, de l'Etoile et de la Sainte-Baume en Provence, et de la chaîne principale des Alpes, du Valais en Autriche, une preuve pour son hypothèse des soulèvemens. Il nous semble y voir, au contraire, des preuves qui tendent à détruire son système. Ainsi il y a de la mollasse coquillière à Voiron (600^m au-dessus de la mer); à Saint-Donat, Clavezon et Boternay (400^m); St.-Paul-Trois-Châteaux, Puygiron, la Bâtie-Roland et au fort des Coquilles près de Montélimart (200 à 500^m); à Arles, Salon et Avignon (40 à 50^m); ensuite, dans un sens opposé à Voiron (600^m); à Dijon (200^m).

Il veut que ces terrains aient été d'abord à la même hauteur, et se soient ensuite relevés vers une ligne partant de Voiron et allant vers l'Ouest. N'est-il pas plus présumable que cette mollasse a dû se former sucessivement dans la mer ou sur ses bords à mesure que l'eau douce, se déversant du milieu de la chaîne des Alpes, à partir de Voiron, se répandait en rayonnant entre le S. O. et le N. O.? Alors il ne sera pas étonnant que la mollasse coquillière la plus basse soit la plus éloignée de Voiron. Comment, d'ailleurs, supposer que l'eau douce ait pu se mêler à la mer à la même époque, en égale quantité sur ses bords et au loin, de manière à y former les mêmes terrains? Nous pensons encore que les terrains de même nature qui se trouvent entre le lac de Constance et les plaines du Danube, et entre Aurillac et Bourg, ont été, par la même raison, formés successivement.

Le terrain de transport qu'on trouve près de Mezel, incliné dans tous les sens, même sous un angle de 70°, vient de ce que nous avons dit dans un cas semblable, qu'en même temps que la matière calcaire se précipitait autour du chaînon de montagnes qui s'y trouve, les courans y précipitaient des cailloux roulés, qui ont pu alors se tenir sur une pente très-forte.

Si tout ce que nous venons de dire sur la formation des terrains ébranle au moins la croyance qu'ont la plupart des géologues qu'il y a eu des soulèvemens en grand nombre à la surface du globe, et si par-là l'on ne croit plus devoir admettre, pour expliquer l'existence d'une montagne, qu'elle se forme dans un lieu donné comme un champignon sort de terre, nous serons satisfait, ayant l'intention d'apporter encore des preuves contre cette opinion à mesure que nos recherches s'étendront. Il faut remarquer que, si nous n'avons pas parlé de la distribution des fossiles, ni de la direction des montagnes primitives, c'est que les premiers devant se déposer dans les lieux tranquilles à la profondeur où ils peuvent vivre, ou disparaître à mesure que la température de la mer diminuait, il n'est pas étonnant qu'ils suivent la formation de certains terrains plutôt que d'autres; et, pour les seconds, c'est que leurs aspérités sont dues à la première formation de la couche du globe, sans aucune règle, comme la distribution des molécules ne devait pas en avoir lors du cahos.

VESOUL, IMP. DE L. SUCHAUX.

www.ingramcontent.com/pod-product-compliance
Ingram Content Group UK Ltd.
Pitfield, Milton Keynes, MK11 3LW, UK
UKHW031709170726
13836UKWH00001B/127